Abdelhafid Mimouni

Controlar a hipertensão: compreender, prevenir, agir

Abdelhafid Mimouni

Controlar a hipertensão: compreender, prevenir, agir

ScienciaScripts

Imprint

Cover image: www.ingimage.com

This book is a translation from the original published under ISBN 978-620-6-71444-6.

Publisher:
Sciencia Scripts
is a trademark of
Dodo Books Indian Ocean Ltd. and OmniScriptum S.R.L publishing group

120 High Road, East Finchley, London, N2 9ED, United Kingdom
Str. Armeneasca 28/1, office 1, Chisinau MD-2012, Republic of Moldova, Europe
Printed at: see last page
ISBN: 978-620-8-04097-0

Controlar a hipertensão: compreender, prevenir, agir

Autor: O Dr. Abdelhafid Mimouni é um investigador independente especializado na química de sistemas bioinorgânicos, com uma vasta experiência na síntese e caraterização macromoleculares. Obteve o seu doutoramento em química pela Universidade de Paris XII em 1997 e um Diplôme des Etudes Approfondies des systèmes bioinorganiques pela Universidade de Paris XI em 1993.

Resumo: Este livro analisa em profundidade a hipertensão (pressão arterial elevada), uma doença comum e muitas vezes silenciosa. Começa com uma apresentação geral da hipertensão, destacando o seu impacto significativo na saúde cardiovascular. Os mecanismos biológicos e fisiológicos da hipertensão são detalhados, destacando o papel crucial do sistema renina-angiotensina e do endotélio vascular. O impacto da dieta é examinado, com destaque para o sal, as gorduras saturadas, a fruta, os legumes e as bebidas açucaradas. Os factores relacionados com o estilo de vida, incluindo a atividade física, a gestão do stress e a cessação do tabagismo, também são discutidos quanto à sua influência na pressão arterial. Em conclusão, este livro oferece recomendações para a prevenção e gestão da hipertensão, encorajando hábitos de vida saudáveis e exames médicos regulares para melhorar a saúde cardiovascular global.

Índice

Introdução

A hipertensão arterial (HTA) é uma das doenças crónicas mais frequentes no mundo, afectando milhões de pessoas de todas as idades e de todos os estratos sociais. Caracteriza-se por uma pressão arterial excessivamente elevada nas artérias, que pode levar a uma série de complicações graves, incluindo doenças cardiovasculares, acidentes vasculares cerebrais e insuficiência renal.

A compreensão dos mecanismos da hipertensão arterial é essencial por várias razões. Em primeiro lugar, uma melhor compreensão permite a implementação de estratégias de prevenção eficazes, com o objetivo de reduzir a incidência desta doença. Em segundo lugar, a gestão adequada da hipertensão pode melhorar significativamente a qualidade de vida das pessoas afectadas, reduzindo o risco de complicações graves. Por último, a educação do público e dos profissionais de saúde sobre a importância do controlo da hipertensão ajuda a promover a saúde pública e a reduzir os custos dos cuidados de saúde.

A hipertensão arterial não se desenvolve de forma isolada; é frequentemente influenciada por vários factores ambientais, alimentares e genéticos. O consumo excessivo de sal, as dietas ricas em gorduras saturadas e alimentos processados e a falta de atividade física são factores que podem contribuir para o desenvolvimento desta doença. Além disso, os aspectos socioeconómicos, como o acesso limitado aos cuidados de saúde e à informação nutricional, podem também desempenhar um papel crucial na prevalência da hipertensão.

Este livro tem como objetivo fornecer uma visão abrangente da hipertensão arterial, explorando as suas causas, consequências e formas de a prevenir e gerir. Através de uma análise detalhada das evidências actuais, estudos de caso e recomendações práticas, esperamos oferecer ferramentas valiosas para ajudar os indivíduos a compreender e controlar melhor esta doença insidiosa. Ao abordar as diferentes facetas da hipertensão, salientamos a importância de um estilo de vida saudável e equilibrado, bem como a necessidade de uma gestão médica adequada para evitar complicações a longo prazo.

Capítulo 1: Compreender a hipertensão

Definição de hipertensão

A hipertensão é uma doença caracterizada por uma pressão arterial cronicamente elevada. A tensão arterial é medida em milímetros de mercúrio (mmHg) e é composta por dois valores: a tensão sistólica (a tensão quando o coração bate) e a tensão diastólica (a tensão quando o coração está em repouso entre os batimentos). A pressão arterial é considerada elevada quando a pressão sistólica é superior a 140 mmHg e/ou a pressão diastólica é persistentemente superior a 90 mmHg.

Mecanismos biológicos e fisiológicos da hipertensão

A hipertensão resulta de um desequilíbrio complexo entre vários sistemas de regulação da pressão arterial, envolvendo factores hormonais, neurológicos e vasculares. De seguida, explicamos os principais mecanismos biológicos envolvidos na hipertensão:

1. sistema renina-angiotensina-aldosterona (RAA) :

-Renina: A renina é uma enzima produzida pelos rins em resposta à redução do fluxo sanguíneo renal, à baixa concentração de sódio ou à estimulação do sistema nervoso simpático. A renina cliva o angiotensinogénio (produzido pelo fígado) em angiotensina I.

Angiotensina II: A angiotensina I é convertida em angiotensina II pela enzima de conversão da angiotensina (ECA), principalmente nos pulmões. A angiotensina II é um potente vasoconstritor que aumenta a pressão arterial ao provocar a contração dos músculos lisos dos vasos sanguíneos. Também estimula a secreção de aldosterona pelas glândulas supra-renais.

-Aldosterona : A aldosterona aumenta a reabsorção de sódio e água pelos rins, aumentando assim o volume sanguíneo e a pressão arterial.

2. cortisol :

O cortisol, uma hormona produzida pelas glândulas supra-renais em resposta ao stress, também pode influenciar a pressão arterial. O cortisol aumenta a sensibilidade dos vasos sanguíneos aos vasoconstritores, como a angiotensina II e a noradrenalina. Pode também aumentar o volume sanguíneo, promovendo a retenção de sódio e de água.

3 Sistema nervoso simpático :

-A ativação do sistema nervoso simpático leva à libertação de noradrenalina, que provoca a contração dos músculos lisos dos vasos sanguíneos, aumentando assim a resistência vascular periférica e a pressão arterial. A ativação crónica deste sistema pode levar a uma hipertensão persistente.

4 Disfunção endotelial :

-O endotélio vascular desempenha um papel crucial na regulação da pressão arterial, produzindo substâncias vasodilatadoras (como o óxido nítrico) e vasoconstritoras (como a endotelina). A disfunção endotelial, frequentemente devida a factores de risco como o tabagismo, a obesidade e a hipercolesterolemia, pode levar a uma preponderância da vasoconstrição e a um aumento da pressão arterial.

Factores de risco gerais

A hipertensão é influenciada por uma combinação de factores genéticos, ambientais e alimentares.

1 Factores genéticos :

-História familiar de hipertensão

-Variações genéticas que influenciam os sistemas hormonais e a sensibilidade ao sal

2 Factores ambientais :

-Stress crónico

-Exposição a ambientes ruidosos ou poluídos

3 Factores alimentares :

-Consumo excessivo de sal

-Dietas ricas em gorduras saturadas e açúcares

-Baixo consumo de fruta, legumes e fibras

-Consumo excessivo de álcool

Ao compreender os mecanismos biológicos e fisiológicos subjacentes à hipertensão e os factores de risco associados, é possível desenvolver estratégias eficazes de prevenção e gestão. Estas incluem modificações do estilo de vida, uma dieta equilibrada, atividade física regular e, quando necessário, tratamento medicamentoso para manter a pressão arterial em níveis saudáveis e evitar complicações graves.

Capítulo 2: Dieta e hipertensão

Impacto do consumo de sal na pressão arterial

O sal, ou cloreto de sódio, desempenha um papel importante na regulação da tensão arterial. O consumo excessivo de sal está fortemente associado a um aumento da tensão arterial. O mecanismo subjacente envolve um aumento do volume sanguíneo: um consumo elevado de sal leva a uma maior retenção de sódio e água pelos rins, aumentando assim o volume sanguíneo e, consequentemente, a pressão exercida nas paredes das artérias.

Estudos epidemiológicos demonstraram que as populações com um consumo elevado de sal têm uma maior prevalência de hipertensão. Por outro lado, a redução do consumo de sal pode diminuir significativamente a pressão arterial tanto em indivíduos hipertensos como normotensos. As recomendações actuais da Organização Mundial de Saúde (OMS) recomendam limitar o consumo de sal a menos de 5 gramas por dia para ajudar a prevenir a hipertensão e as doenças cardiovasculares associadas.

O papel das gorduras saturadas e dos alimentos fritos

As gorduras saturadas e os alimentos fritos são elementos dietéticos que podem contribuir para o desenvolvimento da tensão arterial elevada. As gorduras saturadas, que se encontram em grandes quantidades nas carnes gordas, nos produtos lácteos integrais e nos alimentos processados, podem aumentar os níveis de colesterol no sangue, promovendo assim a aterosclerose, uma condição em que as artérias se tornam rígidas e estreitas.

Este endurecimento e estreitamento das artérias aumenta a resistência vascular, levando a um aumento da tensão arterial.

Os alimentos fritos, frequentemente ricos em gorduras saturadas e trans, também contribuem para a obesidade, um importante fator de risco para a hipertensão. Além disso, os métodos de cozedura que envolvem temperaturas elevadas podem gerar compostos nocivos que têm efeitos adversos na saúde cardiovascular.

A importância da fruta e dos legumes na prevenção da hipertensão

A fruta e os legumes desempenham um papel crucial na prevenção e gestão da tensão arterial elevada. São ricos em nutrientes essenciais, nomeadamente potássio, fibras e antioxidantes, que ajudam a regular a tensão arterial. O potássio, em particular, ajuda a contrabalançar os efeitos do sódio, relaxando as paredes dos vasos sanguíneos e facilitando a excreção de sódio pelos rins.

Uma dieta rica em frutas e legumes foi associada a uma redução significativa da tensão arterial em vários estudos clínicos. As recomendações dietéticas encorajam o consumo de pelo menos cinco porções de fruta e legumes por dia para beneficiar dos seus efeitos protectores contra a hipertensão.

Efeitos das bebidas açucaradas e do álcool

O consumo de bebidas açucaradas está associado a um aumento da pressão arterial e ao risco de obesidade, dois factores de risco importantes para a hipertensão. As bebidas açucaradas, ricas em açúcares adicionados, podem levar a um aumento excessivo de peso, aumentando a carga de trabalho sobre o coração e elevando os níveis de tensão arterial.

O álcool, quando consumido em excesso, também pode contribuir para a hipertensão. O consumo moderado de álcool é definido como até uma bebida por dia para as mulheres e até duas bebidas por dia para os homens. Exceder estas quantidades pode levar a um aumento da tensão arterial. Além disso, o álcool pode interagir negativamente com os medicamentos anti-hipertensores, reduzindo a sua eficácia.

Em conclusão, uma dieta equilibrada, pobre em sal e gorduras saturadas, rica em frutas e legumes e um consumo moderado de bebidas açucaradas e álcool são essenciais para a prevenção e controlo da hipertensão. A adoção destes hábitos alimentares pode não só ajudar a controlar a pressão arterial, mas também melhorar a saúde cardiovascular geral e reduzir o risco de complicações associadas à hipertensão.

Capítulo 3: Estilos de vida e hipertensão arterial

Influência da atividade física na pressão arterial

A atividade física desempenha um papel crucial na regulação da pressão arterial. Estudos mostram que o exercício regular pode baixar a tensão arterial sistólica e diastólica em vários pontos, reduzindo assim o risco de desenvolver doenças cardiovasculares. O exercício aeróbico, como a marcha rápida, a corrida, a natação e o ciclismo, é particularmente eficaz. Estas actividades fortalecem o coração, melhoram a circulação sanguínea e estimulam a dilatação dos vasos sanguíneos, reduzindo assim a resistência vascular periférica.

O exercício regular também ajuda a manter um peso corporal saudável, o que é crucial para prevenir e controlar a hipertensão. A obesidade é um dos principais factores de risco da hipertensão e a perda de peso através do exercício físico pode levar a melhorias significativas da pressão arterial.

Efeitos do stress e do sedentarismo

O stress crónico é um dos principais factores que contribuem para a pressão arterial elevada. O stress desencadeia a libertação de cortisol e adrenalina, hormonas que aumentam o ritmo cardíaco e contraem os vasos sanguíneos, aumentando a pressão arterial. As técnicas de gestão do stress, como a meditação, o ioga e os exercícios de respiração profunda, podem ajudar a reduzir a pressão arterial, diminuindo os níveis de cortisol e promovendo o relaxamento.

Os estilos de vida sedentários também aumentam o risco de hipertensão. A falta de atividade física pode levar ao aumento de peso, à redução da sensibilidade à insulina e ao aumento da resistência vascular. A inatividade física está frequentemente associada a uma dieta pouco saudável e a outros comportamentos de risco, como o consumo excessivo de álcool e o tabagismo, agravando o risco de hipertensão.

Tabagismo e hipertensão

O tabagismo é um fator de risco bem estabelecido para a hipertensão arterial. A nicotina presente nos cigarros provoca uma vasoconstrição temporária dos vasos sanguíneos, aumentando assim a tensão arterial. O tabagismo também danifica as paredes das artérias, promovendo a aterosclerose, que aumenta a resistência vascular e a tensão arterial. Além disso, o tabagismo pode reduzir a eficácia dos medicamentos anti-hipertensores, complicando ainda mais o tratamento da hipertensão.

Os fumadores têm também um risco acrescido de desenvolver complicações graves associadas à pressão arterial elevada, como acidentes vasculares cerebrais, ataques cardíacos e doenças renais. Deixar de fumar é uma das medidas mais eficazes para reduzir a tensão arterial e melhorar a saúde cardiovascular em geral.

Conclusão

Os hábitos de vida desempenham um papel crucial na prevenção e gestão da tensão arterial elevada. Adotar uma rotina regular de exercício físico, gerir eficazmente o stress, evitar um estilo de vida sedentário e deixar de fumar são estratégias essenciais para manter uma tensão arterial saudável. Estas mudanças de estilo de vida, combinadas com uma dieta equilibrada e cuidados médicos adequados, podem reduzir significativamente o risco de complicações associadas à hipertensão e melhorar a qualidade de vida das pessoas afectadas.

Capítulo 4: Práticas tradicionais e remédios naturais

As práticas tradicionais e a utilização de remédios naturais há muito que são exploradas como abordagens alternativas para o tratamento da tensão arterial elevada (hipertensão). Este capítulo analisa em pormenor a eficácia destes métodos, com especial destaque para o alho e outros remédios naturais.

Utilizar ervas e remédios tradicionais para tratar a tensão arterial elevada

Em muitas culturas do mundo, as ervas medicinais têm sido utilizadas pelas suas potenciais propriedades de redução da tensão arterial. Por exemplo, o pilriteiro (Crataegus spp.) é tradicionalmente utilizado na Europa pelos seus efeitos benéficos para o sistema cardiovascular, incluindo uma ligeira redução da tensão arterial graças aos seus flavonóides e procianidinas. O hiperição (Hypericum perforatum) é conhecido pelos seus efeitos moderadamente hipotensores, provavelmente ligados aos seus compostos activos, como a hiperforina e a hipericina.

O chá verde (Camellia sinensis) contém catequinas, poderosos antioxidantes que podem ajudar a melhorar a saúde cardiovascular, reduzindo o stress oxidativo e melhorando a função endotelial. Estas ervas são frequentemente administradas sob a forma de decocções, infusões ou extractos concentrados, e são incorporadas nas dietas tradicionais para promover a saúde cardiovascular a longo prazo.

Eficácia do alho e de outros remédios naturais

O alho (Allium sativum) é um dos remédios naturais mais estudados pelos seus efeitos hipotensores. Contém um certo número de compostos bioactivos, entre os quais a alicina, que demonstraram ter propriedades anti-hipertensivas, relaxando os vasos sanguíneos e reduzindo a resistência vascular periférica. Ensaios clínicos demonstraram que o consumo regular de alho pode levar a uma redução modesta mas significativa da tensão arterial, o que o torna um complemento potencial dos tratamentos médicos convencionais.

Outros remédios naturais, como o ginkgo biloba, a curcuma e o ómega 3 dos óleos de peixe, também demonstraram ter efeitos benéficos na regulação da pressão arterial. O ginkgo biloba, por exemplo, pode melhorar a circulação sanguínea periférica e a vasodilatação graças aos seus flavonóides e terpenóides. A curcuma, com o seu ativo curcumina, tem propriedades anti-inflamatórias e antioxidantes que poderiam ajudar a reduzir a pressão arterial, melhorando a função endotelial.

Comparação com tratamentos médicos modernos

Em comparação com os tratamentos médicos modernos, como os inibidores da enzima de conversão da angiotensina (ECA), os bloqueadores dos receptores da angiotensina II (BRA) e os diuréticos, os remédios naturais carecem frequentemente de provas científicas sólidas que sustentem a sua eficácia e segurança a longo prazo. Os tratamentos médicos modernos baseiam-se em ensaios clínicos rigorosos e meta-análises que estabeleceram a sua eficácia na redução da tensão arterial e na prevenção de complicações cardiovasculares.

Embora promissores, os remédios naturais não são geralmente recomendados como tratamento de primeira linha para pacientes com hipertensão grave. Podem ser utilizados como complemento dos tratamentos médicos convencionais, sob a supervisão de um profissional de saúde, em especial para os doentes com hipertensão ligeira a moderada ou para os que procuram opções alternativas.

Conclusão

Em conclusão, a abordagem das práticas tradicionais e dos remédios naturais para tratar a hipertensão tem um potencial interessante, mas requer mais estudos para avaliar rigorosamente a sua eficácia e segurança. Uma combinação adequada destes métodos com tratamentos médicos convencionais poderia representar uma abordagem integrativa benéfica para certos pacientes, sujeita a um aconselhamento médico adequado e a um controlo regular da tensão arterial.

Capítulo 5: Prevalência da hipertensão

Este capítulo explora a prevalência da hipertensão arterial (HBP) a nível mundial, analisando estatísticas globais, tendências e diferenças entre países desenvolvidos e em desenvolvimento, bem como variações em diferentes populações.

Estatísticas e tendências globais

A hipertensão é uma das principais causas de morbilidade e mortalidade no mundo. Segundo dados da Organização Mundial de Saúde (OMS), cerca de um adulto em cada quatro no mundo sofre de hipertensão. Esta prevalência varia consideravelmente de uma região do mundo para outra e tende a aumentar com a idade.

As tendências recentes revelam um aumento da prevalência da hipertensão, devido, em parte, ao aumento da prevalência da obesidade, aos estilos de vida sedentários e ao aumento do consumo de sal na alimentação.

Comparação entre países desenvolvidos e em desenvolvimento

Os países desenvolvidos têm geralmente taxas de hipertensão mais elevadas do que os países em desenvolvimento, devido a factores como a rápida urbanização, a adoção de estilos de vida ocidentais e a prevalência crescente da obesidade. No entanto, os países em desenvolvimento também estão a registar um aumento alarmante da prevalência da hipertensão devido a transições nutricionais e demográficas.

Nos países desenvolvidos, a prevalência da hipertensão está estimada em cerca de 30% nos adultos, enquanto em alguns países em desenvolvimento pode variar entre 15% e 25%, mas está a aumentar rapidamente.

Análise das taxas de hipertensão em várias populações

As taxas de hipertensão também variam dentro das populações de acordo com vários factores, incluindo a idade, o sexo, a origem étnica e as condições socioeconómicas. Por exemplo, as populações de origem africana e afro-americana têm uma maior prevalência de hipertensão do que as populações de origem europeia.

As diferenças nos hábitos alimentares, nos níveis de atividade física e no acesso aos cuidados de saúde também contribuem para as variações nas taxas de hipertensão entre as populações.

Conclusão

Em conclusão, a prevalência da hipertensão varia consideravelmente a nível mundial, com tendências crescentes em muitas regiões. A compreensão destas variações é essencial para o desenvolvimento de estratégias eficazes de prevenção e gestão da hipertensão a nível mundial. É necessária uma abordagem integrada, que tenha em conta os factores socioeconómicos, culturais e ambientais, para combater esta importante doença cardiovascular.

Capítulo 6: Prevenção e gestão da hipertensão

Este capítulo analisa em profundidade as estratégias de prevenção, a importância do rastreio regular e dos exames médicos, bem como as opções de tratamento modernas e o acesso aos cuidados de saúde para o controlo da hipertensão arterial.

Estratégias de prevenção através da dieta e do estilo de vida

A prevenção da hipertensão baseia-se na adoção de estilos de vida saudáveis, incluindo uma dieta equilibrada e atividade física. A dieta DASH (Dietary Approaches to Stop Hypertension), rica em frutas, legumes e cereais integrais, e pobre em sal, gorduras saturadas e açúcares adicionados, é recomendada para baixar a tensão arterial. Esta dieta é particularmente eficaz graças ao seu elevado teor de potássio, cálcio, magnésio e fibras, todos eles associados a uma redução da tensão arterial.

A redução do consumo de sódio é um componente fundamental na prevenção da hipertensão. As recomendações actuais sugerem limitar a ingestão de sódio a menos de 2,3 gramas por dia, o que equivale a cerca de uma colher de chá de sal de cozinha.

O controlo do peso também é essencial, uma vez que a obesidade é um importante fator de risco para a hipertensão. Uma ligeira perda de peso pode ter um efeito significativo na redução da pressão arterial, muitas vezes devido a uma maior sensibilidade à insulina e a uma menor resistência ao fluxo sanguíneo.

Importância do rastreio e dos exames médicos regulares

Rastreios regulares

O rastreio regular da tensão arterial desempenha um papel crucial no diagnóstico precoce da hipertensão. Eis alguns pontos-chave para sublinhar a sua importância:

Diagnóstico precoce: O rastreio regular pode identificar indivíduos com hipertensão antes de ocorrerem danos cardiovasculares significativos. O diagnóstico precoce é essencial para evitar complicações graves, como acidente vascular cerebral, enfarte do miocárdio e insuficiência renal.

Frequência do rastreio: As diretrizes clínicas recomendam a medição da tensão arterial pelo menos uma vez por ano para os adultos saudáveis. Para as pessoas com risco aumentado de hipertensão (por exemplo, pessoas com antecedentes familiares, doentes diabéticos ou pessoas que sofrem de obesidade), os rastreios devem ser efectuados com maior frequência, frequentemente a cada três a seis meses.

Acessibilidade dos rastreios: Os rastreios podem ser efectuados em vários locais, incluindo consultórios de médicos de clínica geral, farmácias e mesmo em casa, utilizando dispositivos de monitorização da tensão arterial. A disponibilidade destas opções significa que a monitorização pode ser mais regular e acessível a um maior número de pessoas.

Educação e sensibilização: Os rastreios regulares constituem uma oportunidade para educar os doentes sobre os riscos associados à hipertensão e a importância de manter uma tensão arterial normal. Esta sensibilização pode incentivar os doentes a adotar comportamentos mais saudáveis.

Controlos médicos

Os exames médicos regulares são essenciais para o controlo eficaz da hipertensão. Eis alguns aspectos importantes destes controlos:

Avaliação dos factores de risco: Durante os exames médicos, é efectuada uma avaliação pormenorizada dos factores de risco, como o tabagismo, o consumo de álcool, a alimentação e a atividade física. Esta avaliação permite identificar os comportamentos de risco e fornecer conselhos personalizados sobre a forma de os modificar.

Gestão de comorbilidades: Muitos doentes hipertensos sofrem também de comorbilidades como a diabetes, a hipercolesterolemia e a obesidade. Os controlos regulares permitem que estas doenças sejam monitorizadas e geridas de forma coordenada, o que é crucial para a prevenção de complicações cardiovasculares.

Adaptação do tratamento: A monitorização regular permite adaptar o tratamento da hipertensão de acordo com a resposta individual do doente. Isto inclui o ajustamento das doses dos medicamentos, a mudança para outras classes de medicamentos em caso de efeitos adversos e a aplicação de estratégias não farmacológicas, como a modificação do estilo de vida.

Minimizar os efeitos adversos: Os exames médicos regulares permitem monitorizar os potenciais efeitos adversos dos tratamentos anti-hipertensivos. Ao identificar e tratar rapidamente estes efeitos, os médicos podem melhorar a adesão dos doentes ao tratamento e a sua qualidade de vida.

Monitorização contínua: A monitorização contínua é essencial para garantir que a tensão arterial se mantém sob controlo a longo prazo. As consultas regulares também proporcionam uma oportunidade para os doentes discutirem as suas preocupações, colocarem questões e receberem apoio contínuo da sua equipa de saúde.

Em conclusão, o rastreio e os exames médicos regulares são elementos essenciais na gestão da hipertensão arterial. Permitem não só o diagnóstico e o tratamento precoces, mas também uma gestão contínua e personalizada da doença, melhorando assim os resultados a longo prazo em termos de saúde. Opções de tratamento modernas e acesso aos cuidados

Opções de tratamento para a hipertensão

As opções de tratamento da hipertensão arterial (HA) são vastas e diversificadas, abrangendo várias classes de fármacos que visam diferentes mecanismos de regulação da pressão arterial. Segue-se uma descrição mais pormenorizada das principais classes de medicamentos utilizados:

Diuréticos:

Tiazidas: Estes medicamentos, como a hidroclorotiazida e a clortalidona, actuam aumentando a excreção de sódio e água pelos rins, o que reduz o volume de sangue e baixa a tensão arterial.

Diuréticos de ansa: Medicamentos como a furosemida, que são mais potentes do que as tiazidas e são frequentemente utilizados em caso de insuficiência cardíaca ou de edema grave.

Diuréticos poupadores de potássio: espironolactona e eplerenona, que ajudam a evitar a perda excessiva de potássio, frequentemente utilizados em combinação com outros diuréticos.

Beta-bloqueadores: Medicamentos como o atenolol e o metoprolol, que reduzem a frequência cardíaca e a força de contração do coração, baixando assim a pressão arterial.

Inibidores da enzima de conversão da angiotensina (IECA): Medicamentos como o lisinopril e o enalapril, que impedem a formação de angiotensina II, uma substância química que contrai os vasos sanguíneos. Ao reduzir os níveis de angiotensina II, estes medicamentos permitem que os vasos sanguíneos relaxem e se alarguem.

Bloqueadores dos receptores da angiotensina II (BRA): O losartan e o valsartan pertencem a esta classe de medicamentos, que bloqueiam diretamente a ação da angiotensina II nos receptores dos vasos sanguíneos, resultando numa diminuição da resistência vascular periférica.

Bloqueadores dos canais de cálcio: fármacos como a amlodipina e o diltiazem, que impedem a entrada de cálcio nas células do coração e dos vasos sanguíneos, levando ao relaxamento dos vasos e à redução da tensão arterial.

Inibidores diretos da renina: Aliskiren, que inibe diretamente a atividade da renina, uma enzima chave no sistema renina-angiotensina-aldosterona, ajudando assim a regular a pressão arterial.

Acesso aos cuidados de saúde

O acesso aos cuidados de saúde continua a ser um grande desafio, sobretudo nas regiões de baixos rendimentos e entre as populações desfavorecidas. Podem ser implementadas várias estratégias para melhorar o acesso ao tratamento da hipertensão:

Reforço dos sistemas de saúde comunitários: através do desenvolvimento de infra-estruturas de saúde básicas e do apoio a centros de saúde comunitários, os cuidados de saúde primários podem tornar-se mais acessíveis e económicos.

Formação dos profissionais de saúde: É fundamental formar os profissionais de saúde, incluindo médicos, enfermeiros e agentes comunitários de saúde, na gestão eficaz da hipertensão. Isto inclui o reconhecimento dos sintomas, a administração de tratamentos adequados e a sensibilização para as medidas preventivas.

Utilização de tecnologias de telessaúde: As tecnologias de telessaúde permitem que os doentes sejam monitorizados à distância, reduzindo a necessidade de deslocação e permitindo uma monitorização contínua e uma intervenção rápida. As consultas virtuais e as aplicações móveis para a gestão da tensão arterial são exemplos de ferramentas que podem melhorar o acesso aos cuidados.

Programas de sensibilização e educação: Educar o público sobre os riscos da hipertensão, a importância da monitorização regular da tensão arterial e as mudanças de estilo de vida necessárias pode ajudar a prevenir e a gerir a doença. As campanhas de sensibilização podem ser efectuadas através dos meios de comunicação locais, de seminários comunitários e de parcerias com organizações locais.

Políticas de saúde pública: Os governos e os organismos de saúde pública podem desempenhar um papel fundamental na aplicação de políticas destinadas a melhorar o acesso ao tratamento da hipertensão. Isto pode incluir o financiamento de programas de saúde, a redução do custo dos medicamentos anti-hipertensores e a promoção de estilos de vida saudáveis através de iniciativas nacionais.

Combinando estas abordagens, é possível fazer progressos significativos na gestão da hipertensão e melhorar a qualidade de vida das pessoas afectadas por esta doença.

Conclusão

Em conclusão, a prevenção e a gestão da hipertensão requerem uma abordagem multidimensional, combinando estratégias de estilo de vida saudável, rastreio regular e gestão eficaz por parte dos profissionais de saúde. Os progressos na compreensão dos mecanismos fisiopatológicos da hipertensão conduziram ao desenvolvimento de tratamentos eficazes que podem reduzir significativamente o risco de complicações cardiovasculares associadas. Uma abordagem integrada e personalizada é essencial para melhorar os resultados a longo prazo dos doentes com hipertensão.

Conclusão

A hipertensão arterial (HTA) é uma doença crónica comum que afecta milhões de pessoas em todo o mundo. Este livro explora em profundidade os diferentes aspectos da hipertensão, desde a sua definição aos seus mecanismos biológicos, dos factores de risco ao impacto da alimentação e do estilo de vida nesta importante doença cardiovascular.

Resumo dos capítulos

Na introdução, salientámos a importância de compreender e gerir a hipertensão, devido às suas implicações significativas para a saúde cardiovascular e para a qualidade de vida. Examinámos como a hipertensão é uma doença silenciosa que pode passar despercebida durante anos, aumentando o risco de doenças cardiovasculares graves, como o AVC e o enfarte do miocárdio.

O Capítulo 1 lançou as bases, definindo a hipertensão arterial e explorando os mecanismos biológicos e fisiológicos subjacentes a esta doença. Discutimos os papéis cruciais do sistema renina-angiotensina, o endotélio vascular e os mecanismos de regulação da pressão arterial.

O Capítulo 2 centrou-se no impacto da alimentação na hipertensão, destacando o efeito do sal, das gorduras saturadas, da fruta e dos legumes, bem como das bebidas açucaradas e do álcool na tensão arterial. Examinámos como uma dieta rica em fruta e legumes, como a dieta DASH, pode não só prevenir como também tratar a hipertensão.

No Capítulo 3, explorámos a importância dos factores relacionados com o estilo de vida, incluindo a atividade física, a gestão do stress, a cessação do tabagismo e o sedentarismo, na prevenção e gestão da hipertensão. Salientámos como os hábitos de vida saudáveis podem ajudar a baixar a tensão arterial e a melhorar a saúde cardiovascular em geral.

Perspectivas futuras e recomendações

Ao concluirmos este livro, é essencial reconhecer que a hipertensão é uma doença complexa que requer uma abordagem multidimensional. As diretrizes clínicas e as recomendações para o tratamento da hipertensão, como as emitidas pela ESC/ESH, fornecem um enquadramento essencial para os clínicos e os doentes na prevenção, diagnóstico e tratamento desta doença.

Os avanços na investigação médica continuam a fornecer novos conhecimentos sobre a fisiopatologia da hipertensão e as potenciais abordagens terapêuticas. A inovação em tratamentos farmacológicos, dispositivos médicos e intervenções no estilo de vida é uma nova promessa para melhorar os resultados clínicos e reduzir a prevalência da hipertensão em todo o mundo.

Apelo à ação

Por último, este livro tem como objetivo sensibilizar e educar as pessoas para a importância da prevenção e do controlo da hipertensão. É fundamental que cada um esteja consciente dos seus próprios riscos, adopte hábitos de vida saudáveis e procure um acompanhamento médico regular para evitar as complicações potencialmente graves da hipertensão.

Juntos, podemos fazer progressos na luta contra a hipertensão e melhorar a saúde cardiovascular em todo o mundo.

Referências :

1. Kearney, P. M., Whelton, M., Reynolds, K., Muntner, P., Whelton, P. K., & He, J. (2005). Global burden of hypertension: Analysis of worldwide data. The Lancet, 365(9455), 217-223. doi:10.1016/S0140-6736(05)17741-1
2. Williams, B., Mancia, G., Spiering, W., Rosei, E. A., Azizi, M., Burnier, M., ... Zanchetti, A. (2018). Diretrizes ESC / ESH 2018 para o manejo da hipertensão arterial. Jornal Europeu do Coração, 39(33), 3021-3104.
3. Chobanian, A. V. (2007). Prática clínica: Hipertensão sistólica isolada no idoso. New England Journal of Medicine, 357(8), 789-796. doi:10.1056/NEJMcp071137
4. Harrison, D. G., & Gongora, M. C. (2009). Stress oxidativo e hipertensão. Clínicas Médicas da América do Norte, 93(3), 621-635.
5. L. J., Moore, T. J., Obarzanek, E., Vollmer, W. M., Svetkey, L. P., Sacks, F. M., ... Bray, G. A. (1997). Um ensaio clínico sobre os efeitos dos padrões alimentares na tensão arterial. New England Journal of Medicine, 336(16), 1117-1124.
6. He, F. J., & MacGregor, G. A. (2009). A comprehensive review on salt and health and current experience of worldwide salt reduction programmes (Uma revisão abrangente sobre sal e saúde e a experiência atual dos programas mundiais de redução do sal). Journal of Human Hypertension, 23(6), 363-384.

7. Pescatello, L. S., Franklin, B. A., Fagard, R., Farquhar, W. B., Kelley, G. A., & Ray, C. A. (2004). Posição do American College of Sports Medicine: Exercício e hipertensão. Medicine & Science in Sports & Exercise, 36(3), 533-553.
8. Steptoe, A., Kivimäki, M., & Programa de Investigação sobre o Stress, a Saúde e o Envelhecimento. (2012). Stress e doenças cardiovasculares: uma atualização dos conhecimentos actuais. Revisão Anual de Saúde Pública, 33, 11-26.
9. Chobanian, A. V. (2007). Clinical practice: Isolated systolic hypertension in the elderly (Prática clínica: hipertensão sistólica isolada nos idosos). New England Journal of Medicine, 357(8), 789-796.
10. Williams, B., Mancia, G., Spiering, W., Rosei, E. A., Azizi, M., Burnier, M., ... Zanchetti, A. (2018). Diretrizes ESC / ESH 2018 para o manejo da hipertensão arterial. Jornal Europeu do Coração, 39(33), 3021-3104.
11. Touyz, R. M., & Montezano, A. C. (2018). Angiotensina II e lesão vascular. Relatórios atuais de hipertensão, 20 (1), Artigo 39.
12. Harrison, D. G., & Gongora, M. C. (2009). Stress oxidativo e hipertensão. Clínicas Médicas da América do Norte, 93(3), 621-635.
13. Daviglus, M. L., Pirzada, A., & Talavera, G. A. (2014). Conscientização e gerenciamento de fatores de risco cardiovascular

em minorias étnicas nos Estados Unidos. Progresso em Doenças Cardiovasculares, 57(3), 240-250.

14. Colaboração para os Factores de Risco de Doenças Crónicas (NCD-RisC). (2016). Tendências mundiais da pressão arterial de 1975 a 2015: uma análise conjunta de 1479 estudos de medição de base populacional com 19-1 milhões de participantes. The Lancet, 389(10064), 37-55.

15. Brown, M. J., & McInnes, G. T. (2017). Gestão da hipertensão: uma atualização. Medicina Clínica, 17(1), 13-18.

16. Ried, K., Frank, O. R., & Stocks, N. P. (2009). Aged garlic extract lowers blood pressure in patients with treated but uncontrolled hypertension: A randomised controlled trial. Maturitas, 67(2), 144-150.

17. Xin, X., Wei, J., Shen, L., & Lei, Y. (2017). Eficácia da medicina tradicional chinesa no tratamento da hipertensão essencial: uma meta-análise. Medicina Complementar e Alternativa Baseada em Evidências, 2017, Artigo ID 5157469. doi:

18. Mills, K. T., Bundy, J. D., Kelly, T. N., Reed, J. E., Kearney, P. M., Reynolds, K., ... He, J. (2016). Disparidades globais da prevalência e controlo da hipertensão: Uma análise sistemática de estudos de base populacional de 90 países. Circulation, 134(6), 441-450.

19. Zhou, D., Xi, B., Zhao, M., Wang, L., & Veeranki, S. P. (2016). A hipertensão não controlada aumenta o risco de mortalidade por todas

as causas e doenças cardiovasculares em adultos dos EUA: O estudo de mortalidade vinculada ao NHANES III. Scientific Reports, 6, Artigo 39394.

20. Whelton, P. K., Carey, R. M., Aronow, W. S., Casey, D. E., Collins, K. J., Dennison Himmelfarb, C., ... Wright, J. T. (2018). 2017

Léxico

Espinheiro-alvar (Crataegus spp.): Planta medicinal tradicionalmente utilizada pelos seus efeitos benéficos para o sistema cardiovascular.

-Diurético : Medicamento que aumenta a excreção de urina e de sódio pelos rins, reduzindo assim a tensão arterial.

-DASH (Dietary Approaches to Stop Hypertension - Abordagens dietéticas para travar a hipertensão): Uma abordagem dietética destinada a reduzir a pressão arterial através da promoção de uma dieta rica em fruta, legumes e cereais integrais, e com baixo teor de sal, gorduras saturadas e açúcares adicionados.

-Dieta DASH : Dieta baseada nas recomendações da abordagem DASH, conhecida pelos seus efeitos benéficos na redução da pressão arterial.

-Sistema renina-angiotensina-aldosterona : Sistema hormonal que regula a pressão arterial modificando o volume sanguíneo e a resistência vascular.

Aldosterona : Hormona esteroide produzida pelas glândulas supra-renais, que desempenha um papel na regulação da pressão arterial, aumentando a reabsorção de sódio nos rins.

-Angiotensina : Hormona peptídica vasoconstritora que regula a pressão arterial através do aumento da resistência vascular periférica.

-Endotélio : Camada de células que reveste os vasos sanguíneos, desempenhando um papel fundamental na regulação do tónus vascular.

-Hipertensão arterial : aumento anormal e persistente da pressão sanguínea nas artérias.

-Sistema renina-angiotensina : Sistema hormonal envolvido na regulação da pressão arterial através da angiotensina II e da aldosterona.

-Endotélio : Camada de células que reveste os vasos sanguíneos, desempenhando um papel fundamental na regulação do tónus vascular.

-Atividade física : O exercício físico regular ajuda a reduzir a pressão arterial através de vários mecanismos, incluindo a redução da resistência vascular.

Printed by Books on Demand GmbH, Norderstedt / Germany